Martin Töttger

Das Aufkommen einer modernen Landwirtschaft in einigen nahöstlichen Ländern

Ägypten und Israel im Fokus

GRIN Verlag

Bibliografische Information der Deutschen Nationalbibliothek:

Die Deutsche Bibliothek verzeichnet diese Publikation in der Deutschen National-
bibliografie; detaillierte bibliografische Daten sind im Internet über http://dnb.d-
nb.de/ abrufbar.

Impressum:

Copyright © 2003 GRIN Verlag GmbH
Druck und Bindung: Books on Demand GmbH, Norderstedt Germany
ISBN: 978-3-640-15962-8

Dieses Buch bei GRIN:

http://www.grin.com/de/e-book/114309/das-aufkommen-einer-modernen-landwirt-
schaft-in-einigen-nahoestlichen-laendern

GRIN - Your knowledge has value

Der GRIN Verlag publiziert seit 1998 wissenschaftliche Arbeiten von Studenten, Hochschullehrern und anderen Akademikern als eBook und gedrucktes Buch. Die Verlagswebsite www.grin.com ist die ideale Plattform zur Veröffentlichung von Hausarbeiten, Abschlussarbeiten, wissenschaftlichen Aufsätzen, Dissertationen und Fachbüchern.

Besuchen Sie uns im Internet:

http://www.grin.com/

http://www.facebook.com/grincom

http://www.twitter.com/grin_com

Das Aufkommen einer modernen Landwirtschaft

in einigen nahöstlichen Ländern

Martin Töttger

Lehramt an Gymnasien

Fachsemester 2

Seminar: Wasser, Erdöl, und TnT – Die Ingredienzien des wirtschafts- und geopolitischen Bildes des Nahen Osten

Sommersemester 2003

Gliederung   Seite

1. Einleitung   3

2. Landwirtschaft in Ägypten   3
   2.1 Topographie Ägyptens   3
   2.2 Die agrarischen Vorraussetzungen Ägyptens   3
   2.3 Die ägyptische Landwirtschaft   4
   2.4 Der Assuanstaudamm Fluch oder Segen ?   4
      2.4.1 Inhalt und Zweck des Projektes „Assuan Staudamm"   4
      2.4.2 Folgeschäden eines schlecht konzipierten Projektes   5
   2.5 Das Toschkaprojekt   5

3. Landwirtschaft in Israel   6
   3.1 Topographie Israels   6
   3.2 Israels Landwirtschaft   6
   3.3 Wasserquellen als Schlüssel zur modernen Landwirtschaft   6
      3.3.1 Die „Negev – Pipeline"   6
      3.3.2 Aufbereitung von salzhaltigem Wasser und Meerwasser   7
      3.3.3 Tropfenbewässerungssystem   8

4. Fazit   8

Literaturverzeichnis   9

1. Einleitung

Die Staaten des Nahen Osten besitzen ein gemeinsames Grundproblem: Die Trockenheit des Landes und der daraus resultierende Wassermangel.

An eine erfolgreiche Agrarwirtschaft in diesem Gebiet ist streng genommen nicht zu denken. Nur durch ständige künstliche Bewässerung und tiefgreifende bauliche Maßnahmen konnte der Raum landwirtschaftlich erschlossen werden.

Die folgende Arbeit setzt sich mit dem Weg der Staaten Ägypten und Israel in eine moderne Landwirtschaft auseinander. Diese Nationen sollen exemplarisch zeigen, wie die angesprochenen Widrigkeiten überwunden werden können.

2. Landwirtschaft in Ägypten

2.1 Topographie Ägyptens

Der Staat Ägypten liegt im äußersten Nordosten des afrikanischen Kontinents und erstreckt sich ausgehend vom Mittelmeer im Norden, 1063 km nach Süden und grenzt östlich an das Rote Meer. Die Gesamtfläche beträgt 1 Millionen km² von denen jedoch nur 3,5 %, also 35580 km², als Kulturland genutzt werden können. Das Kulturland umfasst, das Niltal, das Nildelta sowie zahlreiche Oasen. In diesen Lebensräumen sind etwa 98 % der Bevölkerung beheimatet.

2.2 Die agrarischen Vorraussetzungen in Ägypten

Die Stromoasen des Nils sind die landwirtschaftlich nutzbaren Zonen Ägyptens. Die Talbreite des kulturfähigen Bodens variiert von 1 bis 20 Kilometer.

Seit Jahrtausenden sorgen die periodischen Überschwemmungen des Nils für eine gute Bewässerung des Bodens. Heutzutage erfolgt sie ganzjährig und gleichmäßig durch den Assuan Staudamm.

Der Nil liegt in der südlichen Randzone des mittelmeerischen Winterregenklimas. An die Wüstensteppen des nördlichen Ägyptens schließt die Sahara an. Der überwiegende Teil Ägyptens besteht daher aus Trockengebieten mit ganzjähriger hohen Sonneneinstrahlung. Das Tagesmaximum in den Sonnenmonaten liegt circa zwischen 40 bis 52° C. Durch nächtliche Abkühlung ergibt sich eine sehr hohe Temperaturamplitude.

2.3 Die ägyptische Landwirtschaft

Wie schon vorher erwähnt können nur etwa 3,5 % der Gesamtfläche Ägyptens als Kulturland genutzt werden.

Ägyptens wichtigstes Anbau- und Exportprodukt ist die Baumwolle, die aufgrund ihrer Qualität als die hochwertigste auf dem Weltmarkt bezeichnet wird. In dem Zeitraum von 1991 bis 1994 machte der Baumwolleanbau 6,8% der gesamten Agrarfläche aus. Des weiteren werden Reis, Mais, Weizen, Zuckerrohr, Gemüse und Obst kultiviert.

Hierfür muss jedoch nahezu die gesamte Kulturfläche bewässert werden, was sich im Gegenzug sehr nachteilig auf den allgemeinen Wasserhaushalt auswirkt, in einem Land, welches fast ausschließlich aus Wüsten und kargen Steppen besteht. So wurde es bald nötig eine Lösung für die gleichmäßige Wasserversorgung zu finden. (vgl. F. N. IBRAHIM, 1996, S.82 – 84)

2.4 Der Assuan Staudamm Fluch oder Segen ?

2.4.1 Inhalt und Zweck des Projektes „Assuan Staudamm"

Um trotz des saisongebundenen Abflusses des Nilwassers eine optimale Nutzung zu gewährleisten erdachten die Ägypter schon vor etwa 5000 Jahren ein ausgefeiltes Beckenbewässerungssystem. Zur Zeit der Nilhochflut (nili) leiteten sie das Wasser in große Becken der Nilaue. Mitte des 19. Jahrhunderts nahm man in Ägypten diese Idee wieder auf und errichtete Staudämme. Zweck dieses Vorhabens war es das Niveau des Nils zu heben um sein Wasser in spezielle Bewässerungskanäle leiten zu können.

Auch der 1902 erbaute und in späteren Zeiten erhöhte Staudamm von Assuan übernahm diese Funktion. Die Kapazität des als Überjahresspeicher geplanten Stausees beträgt über 160 Milliarden Kubikmeter Wasser und mit seinem Bau verfolgte man die folgenden 4 Ziele: Zuallererst wurde eine Vergrößerung der landwirtschaftlich nutzbaren Fläche Ägyptens um 22% angestrebt. Dies sollte durch die zusätzlich zur Verfügung stehenden 7,5 Milliarden Kubikmeter Wasser möglich werden.

Ferner sollte eine Umstellung von saisonaler Beckenbewässerung auf eine dauerhafte Bewässerung von 409.000 Hektar Agrarfläche erfolgen.

Der dritte Punkt bezieht sich auf die Prävention von Hochwasserschäden und Wassermängel in Jahren mit geringem Nilabfluss.

Des weiteren ist es möglich Hydroelektrizität zu gewinnen. Man rechnet jährlich mit etwa zehn Milliarden Kilowattstunden.

Es ist zu bemerken, dass die letzten drei Ziele verwirklicht werden konnten. Hauptziel aber war es die nutzbare Agrarfläche wesentlich zu erweitern. Eine Ausdehnung blieb bisher aus! (vgl. F. N. IBRAHIM, 1996, S. 54 – 56 und H. SCHAMP, 1978, S. 25 - 52)

2.4.2 Folgeschäden eines schlecht konzipierten Projektes

Nachdem das Primärziel nicht erreicht werden konnte stellten sich noch weitere Widrigkeiten ein. Der Grundwasseranstieg im Niltal und –delta führte zu einer erheblichen Verstärkung der Bodenversalzung. Das salzhaltige Grundwasser nagt an den Fundamenten der altägyptischen Denkmäler. Diese sind die Hauptattraktionen Ägyptens und Anziehungspunkte für Touristen. Somit wirkt sich der Staudamm voraussichtlich auch negativ auf die Tourismusbranche aus, die zum Rückgrat der ägyptischen Wirtschaft zählt. (vgl. BUNDESZENTRALE FÜR POLITISCHE BILDUNG, Ägyptens Weg in die Moderne Fouad N. Ibrahim, http://www.bpb.de/publikationen/2VN8EP,1,0,Ägyptens_Weg_in_die_Moderne.html)

2.5 Das Toschkaprojekt

Ein neues Bewässerungsprojekt mit Namen „Toschka" soll die oberägyptische Wüste zu einem neuen, fruchtbaren Siedlungs- und Agrarraum transformieren. Ägyptens Präsident Mubarak befasst sich seit Jahren mit dem nach einer Nilebene benannten Projekt.

Die Bauarbeiten für das Toschka – Pumpwerk starteten am 9. Januar 1997. Sie bildet das Herzstück des Toschkaprojekts. 21 Pumpen, die gestaffelt in betrieb genommen werden, befördern Wasser des Nasser Sees auf einem 50 Meter höher gelagertes Kanalsystem, welches sich über 320 Kilometer durch die Wüste zieht. Die tägliche Kapazität der Pumpen soll bis zu 325 Millionen Kubikmeter betragen.

Das ägyptische Wasserministerium möchte innerhalb der nächsten Jahre etwa 200.000 Hektar fruchtbaren Bodens gewinnen.

Es ist bereits ein vom saudischen Prinzen Al Walid bin Talal finanzierter Testbetrieb am Bewässerungsnetz angeschlossen, der Obst und Gemüse auf ehemaligem Wüstenboden produziert.

Kritiker des Konzeptes beklagen die hohen Kosten und die befürchtete Versalzung des Bodens, die langfristig Auswirkungen auf den Grundwasserspiegel und das Klima haben könnten. (vgl. DEUTSCHE PRESSE AGENTUR, Ulrike Koltermann, http://www.vistaverde.de/news/Politik/0301/10_toschka.htm)

3. Landwirtschaft in Israel

3.1 Topographie Israels

Israel ist ein vorderasiatischer Staat, der an der Südöstlichen Küste des Mittelmeers liegt. Die Gesamtfläche beträgt 207000 Quadratkilometer. Anders als Ägypten liegt Israel im Übergang von mediterranen, winterfeuchten Arealen zum ganzjährig trockenen asiatischen Wüstenklima.

Die winterlichen Durchschnittstemperaturen betragen 12 bis 13° C im Küstenraum und 7 bis 9° C im Bergland. Im Sommer liegen die Temperaturwerte im Bergland bei 22° C und an der Küste bei 24 – 26° C.

3.2 Israels Landwirtschaft

Nur etwa 25% der Landesfläche sind für eine intensive agrarische Nutzung geeignet. 327.000 Hektar werden von Ackerland, 91.000 Hektar von Dauerkulturen bedeckt. 818.000 Hektar sind als Dauerweiden und 110.000 Hektar als Waldgebiete ausgewiesen.

Die landwirtschaftliche Nutzung beschränkt sich größtenteils auf die klimabegünstigten Streifen am Meer, den nördlichen Negev sowie den feuchteren Norden. Im Negev ist Landwirtschaft nur durch aufwendige Bewässerung möglich.

72 % des Ackerlandes müssen künstlich bewässert werden. Die Landwirtschaft nimmt einen enormen Anteil des verfügbaren Wassers für sich in Anspruch, der größtenteils aus dem See Genezareths stammt.

Angebaut werden Weizen, Tomaten, Baumwollsamen und Oliven, zudem werden für den Export bestimmte Feldfrüchte, wie Bananen, Zitrusfrüchten, Frühgemüse oder Avocados produziert. Der Eigenbedarf der israelisch Bevölkerung wird zu 75 % gedeckt.

3.3 Wasserquellen als Schlüssel zur modernen Landwirtschaft

3.3.1 Die „Negev – Pipeline"

Die Landwirtschaft benötigt eine verlässliche Wasserquelle. Diese sind im gesamten Nahen Osten knapp bemessen. In Ägypten ist diese verlässliche Quelle der Nil. In Israel musste man sich auf andere Methoden konzentrieren.

Die israelische Landschaft kann allgemein als arid bis semiarid eingestuft werden. Noch bis zum Beginn des 20. Jahrhunderts war die Landwirtschaft durch aufwendige althergebrachte Bewässerung (z.B. Wasserräder mit Kübeln angetrieben von Ochsen...) oder spärlichen Niederschlag möglich.

Durch die Einwanderung von jüdischen Siedlern, die moderne Erkenntnisse und Technologien im Ausland erworben und sie nach Israel einführten, steigerte sich die Produktivität enorm. Sie führten zum Beispiel die Durchdringung der harten Bodenschichten, zwecks Förderung von tiefliegendem Quellwasser, ein.

Zwischen 1935 und 1938 wurde die Wasserversorgung Israels durch die zuvor gegründeten Wasserwerke geplant und aufgebaut. Das benötigte Wasser hierfür stammte aus 3 Brunnen in der Jesreel – Ebene. Die Beförderung des Wassers erfolgt unter Hochdruck durch Metallleitungen, denn so ist eine Wasserversorgung auch über größere Entfernungen möglich. 1947 wurde die erste „Negev-Pipeline" in Betrieb genommen. So war eine garantierte, jedoch begrenzte, Wasserversorgung ermöglicht. Das erste Netz umfasste 190 Kilometer Rohrleitungen, die eine jährliche Kapazität von einer Millionen Litern hatten. Später änderte man den Durchmesser von 15 auf 50 Zentimeter um so eine Bilanz von 30 Millionen Litern jährlich zu erreichen.

Bald wurde jedoch klar, dass ein noch größeres Wasserversorgungsnetz nötig war und so förderte man schließlich auch Wasser aus dem See Genezareth. 1964 nahm dann der National Water Carrier seine Arbeit auf.

Das ausgefeilte Wasserleitungssystem besteht aus unterirdischen Pipelines, offenen Kanälen, Tunneln und Zwischenreservoiren, die jährlich eine Durchflussmenge von etwa 400 Millionen Kubikmetern Wasser haben. (vgl. ISRAELISCHES INFORMATIONSZENTRUM 2001, Fokus Israel, Dr. Dov Sitton, http://Liste.israel.de/images/botschaft/water-g.pdf)

3.3.2 Aufbereitung von salzhaltigem Wasser und Meerwasser

Eine weitere Möglichkeit Wasser für die Agrarflächen zu gewinnen ist es salzhaltiges Wasser (Bracke) oder Meerwasser durch Aufbereitung zu entsalzen. Israel bevorzugt die Aufbereitung von salzhaltigem Wasser, da dieses Verfahren kostengünstiger ist. Das Prinzip der reversiblen Osmose setzte sich in den frühen 60er Jahren durch.

Innovativ ist der Gebrauch von unbehandeltem Salzwasser zur Bewässerung von landwirtschaftlich genutzten Flächen. Etliche Studien zeigen, dass bestimmte Pflanzenarten, wie Baumwolle, Tomaten und Melonen salzartiges Wasser akzeptieren. Vorraussetzung ist jedoch ein Tropfenbewässerungssystem und ein leichter Boden (Sand oder Lehm-Sand-Böden). (vgl. ISRAELISCHE BOTSCHAFT IN DER BRD 1995, Israels chronisches Wasserproblem, http://rz.shuttle.de/rn/sae/water/israel.htm)

3.3.3 Tropfenbewässerungssystem

Der israelische Staat verbraucht den Großteil seines Wasservorkommens in der Landwirtschaft. Eine der wichtigsten agrartechnologischen Innovationen, die Tropfenbewässerung, nach Simcha Blass und seinem Sohn, konnte den Verbrauch mindern und weist auch sonst etliche Vorteile auf.

Der Boden kann gleichmäßig über weite Strecken und sogar an Hängen bewässert werden. In der Tropfanlage bringt man Dünger in das Wasser ein, der direkt an das Wurzelsystem weitergeleitet wird. Dies spart eine erhebliche Menge an Düngemitteln.

Je nach Bodenart kann die Wassermenge angepasst werden um ein Versickern zu vermeiden. Eine Verdunstungsrate ist geradezu nicht zu messen. Ein weiterer Vorteil ist die schon angesprochene Möglichkeit der Bewässerung mit minderwertigem (salzhaltigen) Wassers.

Insgesamt geht aus dieser Aufzählung hervor, dass die Wassernutzungseffizienz im Bezug auf die Tropfenbewässerung in höchstem Grade erfolgt. Durch die Einführung dieser Systeme konnte die israelische Landwirtschaft neue Hoffnung schöpfen. (vgl. ISRAELISCHES INFORMATIONSZENTRUM 2001, Fokus Israel, Dr. Dov Sitton, http://Liste.israel.de/images/botschaft/water-g.pdf)

4. Fazit

Die vorangehenden Erkenntnisse und Fakten zeigen, dass der nahöstliche Raum, wie kaum ein anderer, geprägt und bestimmt wird durch seine, für einen Siedlungsraum eher untypischen, topographischen und klimatischen Bedingungen. Nur großen Anstrengungen und einer sich ständig erneuernden Bewässerungswirtschaft ist es zu verdanken, dass diese Areale in dem heute vorliegendem Maße agrikulturell genutzt werden können.

Trotz dieser positiven Aspekte zeigen einige Projekte Schwachstellen und ziehen Probleme nach sich. Es bleibt jedoch unstrittig, dass sich in den letzten Jahrzehnten ein enormes Bevölkerungswachstum vollzog, das ein schnelles Handeln auf dem Sektor der Wasserversorgung unentbehrlich machte, da ein Ausweichen durch die Begrenzung des Lebensraumes nicht möglich ist. Schon vor tausenden Jahren waren sich die Bewohner der nahöstlichen Länder der engen Zusammenhänge von Landwirtschaft, Wasser und Mensch bewusst. Nach den in heutiger Zeit begangenen schwerwiegenden Modifikationen am Wasserkreislauf und den daraus resultierenden Störungen des ökologischen Gefüges, tritt dieses Bewusstsein wieder und oft schmerzhaft zu Tage.

Literaturverzeichnis :

AHMAD, N. A.   1969   Die ländlichen Lebensformen und die Agrarentwicklung in Tripolitanien, Heidelberger geographische Arbeiten, Hrsg.: G. Pfeifer, H. Graul, Heidelberg

BÜTTNER, F.   1991   Ägypten – Beck`sche Reihe, München
KLOSTERMEIER, I.

IBRAHIM, F. N.   1996   Ägypten – Eine geographische Landeskunde, Wissenschaftliche Länderkunden Band 42, Darmstadt

SCHAMP, H.   1978   GEOGRAPHIE – Ägypten : Das Land am Nil im wirtschaftlichen und sozialen Umbruch, Frankfurt am Main